蟲蟲小偵探

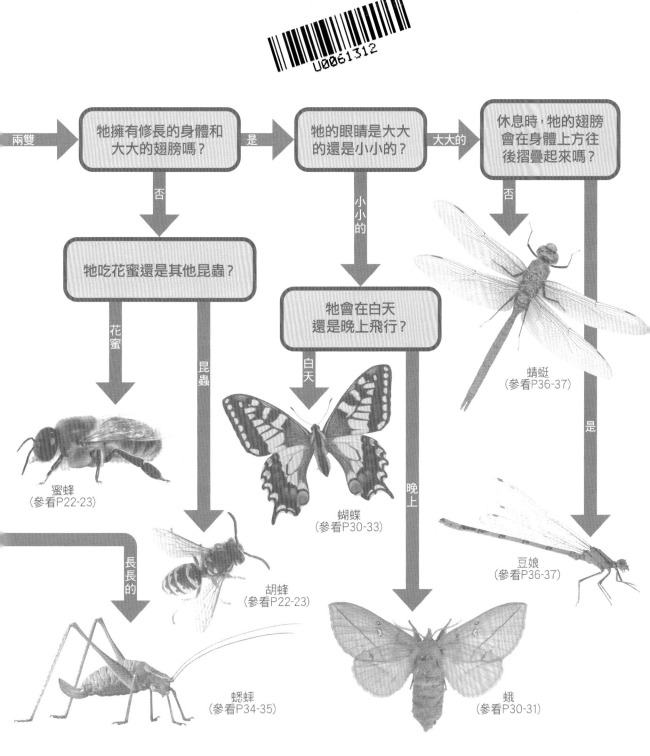

兩雙 → 牠擁有修長的身體和大大的翅膀嗎？

是 → 牠的眼睛是大大的還是小小的？

大大的 → 休息時，牠的翅膀會在身體上方往後摺疊起來嗎？

否 → 牠吃花蜜還是其他昆蟲？

小小的 ↓

否 ↓

牠會在白天還是晚上飛行？

花蜜 ↓

昆蟲 ↓

白天 ↓

蜜蜂
(參看P22-23)

長長的 →

蜻蜓
(參看P36-37)

是 ↓

胡蜂
(參看P22-23)

蝴蝶
(參看P30-33)

晚上 ↓

豆娘
(參看P36-37)

蟋蟀
(參看P34-35)

蛾
(參看P30-31)

U0061312

我想知道有關昆蟲的事情：

DK

昆蟲大發現
百科圖鑑

安德烈·米爾斯 著

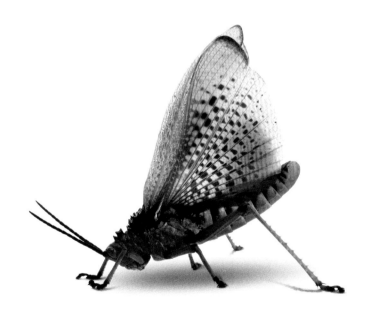

新雅文化事業有限公司
www.sunya.com.hk

新雅 • 知識館
昆蟲大發現百科圖鑑
作　　者：安德烈 • 米爾斯 (Andrea Mills)
翻　　譯：羅睿琪
責任編輯：馬炯炯
美術設計：張思婷
出　　版：新雅文化事業有限公司
　　　　　香港英皇道499號北角工業大廈18樓
　　　　　電話：(852) 2138 7998
　　　　　傳真：(852) 2597 4003
　　　　　網址：http://www.sunya.com.hk
　　　　　電郵：marketing@sunya.com.hk
發　　行：香港聯合書刊物流有限公司
　　　　　香港荃灣德士古道220-248號荃灣工業
　　　　　中心16樓
　　　　　電話：(852) 2150 2100
　　　　　傳真：(852) 2407 3062
　　　　　電郵：info@suplogistics.com.hk
印　　刷：中華商務彩色印刷有限公司
　　　　　香港新界大埔汀麗路36號
版　　次：二〇二二年九月初版

ISBN: 978-962-08-8053-7
Original title: *DK findout! Bugs*
Copyright © Dorling Kindersley Limited, 2017
A Penguin Random House Company
Traditional Chinese Edition © 2022 Sun Ya Publications
(HK) Ltd
18/F, North Point Industrial Building, 499 King's Road,
Hong Kong
Published in Hong Kong, China
Printed in China

For the curious
www.dk.com

目錄

大角金龜 (goliath beetle)

褐色雛蝗 (common field grasshopper)

本書中的比例尺會比較蟲子和
人類的手掌 (大約長203毫米)
或拇指 (大約長68毫米)，以顯
示蟲子的體型大小。

≫ 比例尺

≫ 比例尺

七星瓢蟲 (seven-spot ladybird)

鹿蜱 (deer tick)

家隅蛛 (house spider)

大藍閃蝶 (blue morpho butterfly)

沙漠飛蝗 (desert locust)

蟲蟲的起源

蟲蟲的故事要從節肢動物（arthropod）的歷史開始說起。節肢動物是史上最厲害的動物族羣。牠們擁有堅硬的外骨骼、附有關節的腿，還有分成多節的身體。最早的節肢動物是在5億多年前在地球上誕生的。

5.4億年前
早期的節肢動物——那是貌似蠕蟲的生物，長有好像外骨骼般厚厚的皮膚——會在海牀上移動。

古代的魁翅目動物的外型和這隻蜻蜓非常相似，不過體型要比牠巨大得多。

3.2億年前
再過了一段時間，陸上的昆蟲長出了翅膀，成為首批會飛行的動物——也是往後1億年間唯一會飛行的動物。

3.5億年前
陸上的節肢動物的體型較之前增大了——例如這隻巨馬陸，最長可生長至2米長！

魁翅目動物（griffenfly）
這種早期的昆蟲擁有長長的身體，翼展長達73厘米。

2.7億年前
恐龍首次在地球上出現。有些恐龍和其他動物會捕捉及進食較大的節肢動物。

怎樣研究史前動物？

化石讓我們能清楚地觀察以往的節肢動物，因為它保存了數以百萬年前的生物的遺骸。

琥珀裏的蜘蛛
這隻古代的蜘蛛被黏稠的樹液困住，這些樹液慢慢變硬，成為了化石。從中可見，蜘蛛從4.2億年前首次出現以來，外貌沒有改變。

4.38億至4.08億年前
大部分的節肢動物都很細小，但也有些長得很壯碩，例如這隻海蠍，牠們是最早期的捕食者，即是會襲擊並吃掉其他生物的動物。

三葉蟲（trilobite）
微小的三葉蟲以往在海牀上隨處可見。牠們擁有兩根觸角，還有分成3節的身體，就像現代的昆蟲一樣。

海蠍（sea scorpion）

4.28億年前
馬陸離開了海洋，成為史上首批在陸上行走的動物。

馬陸（millipedes）

2.3億至7,300萬年前
許多今天我們看見的節肢動物，例如昆蟲和其他蟲蟲等，在這時期開始出現。

10萬年前
最早期的人類出現了。與人類比較，節肢動物在地球上存在的時間要長得多！

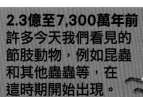

三葉蟲化石
這隻保存在岩石裏的三葉蟲，是在海牀上發現的眾多三葉蟲化石之一。三葉蟲已絕跡，因此要了解這些極早期的節肢動物，化石便是唯一的渠道。

！大發現！

時至今日，在已知的動物之中，大約有80%是節肢動物。

北美洲

這個大洲上有草原、森林、高山和沙漠——還有各種各樣能適應不同環境的蟲蟲！其中一種就是帝王蝶。帝王蝶每年都會成羣從加拿大飛行5,000公里前往墨西哥，這個過程稱為「遷徙」。

南美洲

亞馬遜雨林是地球上面積最大的雨林，它橫跨了南美洲的9個國家，是超過250萬種昆蟲的家園。這個大洲上有許多會搬運葉子的螞蟻，還有會興建小丘的白蟻。

正在遷徙的帝王蝶

帝王蝶
（monarch butterfly）

切葉蟻正在搬運葉子

蟲蟲世界

蟲蟲生活在世界各地。各個大洲、各種氣候都能看見牠們的身影。這些生物是終極生存者，不論是熾熱的沙漠裏、冰天雪地的山峯上，或介乎兩者之間的所有地方，都能安然棲息。

切葉蟻（leafcutter ant）

白蟻
（termite）

巴西的一個白蟻丘

胡蜂巢

歐洲

歐洲布滿了林地、農地、草原和海岸線。各種棲息地適合不同的蟲蟲生活，包括蜘蛛、螞蟻和蝴蝶。歐洲胡蜂會用咀嚼過的木頭來築巢。

歐洲胡蜂
(European wasp)

亞洲

亞洲有炎熱的熱帶和寒冷的山區，你能在當中找到大大小小的蟲蟲。在這裏土生土長的亞洲瓢蟲被引入到其他地區，以控制蚜蟲等會吃掉農作物的害蟲。

瓢蟲正在捕食蚜蟲

瓢蟲
(lady beetle)

在毛里塔尼亞聚集的蝗蟲

澳洲和新西蘭

世界上部分最巨大與最令人嘖嘖稱奇的蟲蟲都生活在澳洲和新西蘭，包括竹節蟲、蜘蛛、蜈蚣，還有蛾，例如澳洲帝王膠蛾等。

澳洲帝王膠蛾的幼蟲

沙漠飛蝗
(desert locust)

澳洲帝王膠蛾
(Australian emperor gum moth)

非洲

非洲是最炎熱的大洲，一半以上的土地都是乾旱的，或者是沙漠。蟲蟲必須在高溫與只有少量食物或食水的環境中生存。在這裏，蝗蟲會成羣結隊在天空中飛行，尋找可以吃的農作物。

南極洲

南極洲地面冰封，氣候冰冷，大部分蟲蟲都難以承受，只有南極蠓能在這裏生存。

南極蠓
(chironomid midge)

蟲蟲的感官

蟲蟲擁有超強的感官來幫助牠們存活。牠們的感官就像人類，包括視覺、嗅覺、觸覺、味覺和聽覺等，幫助牠們尋找食物、躲避捕食者，還有尋找伴侶。和人類一樣，蟲蟲也能夠感知熱和冷，辨別物體濕或乾，也知道自己是否正以正確的方向站立或是上下顛倒了。

聽覺

草蜢 (grasshopper)

蟲蟲雖然沒有耳朵，但牠們對聲音非常敏感，能透過皮膚感知空氣中的聲音振動。有些蟲蟲擁有類似鼓膜的器官，能夠幫助牠們聆聽。草蜢的鼓膜狀器官長在肚子上。

嗅覺

榕小蜂 (fig wasp)

蟲蟲不是用鼻子嗅聞，而是用牠們靈敏的觸角來接收氣味。這些長長的感覺器官外面布滿神經末梢，能夠感知空氣中的化學變化。胡蜂，包括榕小蜂等，都是偵測氣味的高手。有些科學家相信牠們的嗅覺就像狗一樣靈敏！

觸覺

寶石甲蟲 (jewel beetle)

蟲蟲利用觸角來感知周圍的環境。有些蟲蟲腹部(肚子)也擁有靈敏的毛髮，能夠偵測空氣的流動，從而感知附近有沒有捕食者或者獵物。

味覺

紅帶袖蝶 (postman butterfly)

有些蟲蟲，例如蝴蝶和蠅類，腳上有味覺器官。牠們會站在食物上來品嘗食物，然後才用嘴巴咀嚼，或是用長長的、像管子一樣的吻管來吸吮液體。試想像一下，你需要站在食物上才能品嘗它的味道，那是怎樣的體驗！

視覺

馬蠅 (horse fly)

有些生物擁有許多不同的眼睛，例如蜘蛛。有些生物則擁有兩隻複眼，例如蠅類。馬蠅的每一隻複眼都是由大量細小的晶狀體組成的。這些晶狀體合力形成影像，使蟲蟲看見物體移動。翻到第10頁來進一步認識蟲蟲的眼睛吧。

觸角

大部分蟲蟲若失去了觸角——牠們主要的感覺器官——便會迷失。這些位於頭部的感應器，用來感受氣味、味道和觸碰物體。有些蟲蟲的觸角很短，有些則很長；有些長得筆直，有些彎彎曲曲。觸角的種類視乎蟲蟲的品種而各有不同。

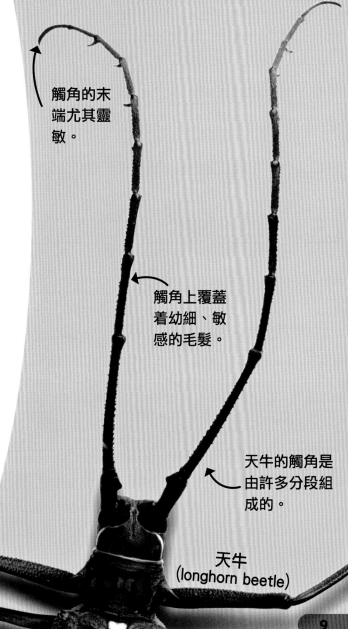

觸角的末端尤其靈敏。

觸角上覆蓋着幼細、敏感的毛髮。

天牛的觸角是由許多分段組成的。

天牛
(longhorn beetle)

眼睛看得清

蟲蟲眼中的世界和我們所看見的差異極大。蟲蟲的眼分為單眼和複眼：單眼較細小，能夠感知光與暗；複眼，例如蜻蜓的眼睛，長得較大，它們是由許多微小的晶狀體組成，為蟲蟲帶來全方位的視野。大部分蟲蟲最少擁有兩隻眼睛，部分較幸運的蟲蟲，例如草蜢，就同時擁有這兩種眼睛。

是真的嗎？

蜻蜓每顆眼球裏有多達30,000顆晶狀體。

非常眼睛

有些蟲蟲會利用外表與別不同的眼睛，作為牠們的生存優勢。

每根眼柄大約長0.5厘米。

往外伸展的視野
馬來西亞柄眼蠅 (Malaysian stalk-eyed fly) 的眼睛長在突出的眼柄上，這有助牠們更清晰地看見身邊的世界。

在顯微鏡下的複眼

複眼

複眼內有大量微細的晶狀體，讓蟲蟲擁有好像馬賽克般拼貼而成的視野。大複眼讓蟲蟲幾乎能夠看見所有方向的東西。複眼感知物體移動的能力也非同凡響，有助蟲蟲捕捉食物，或是躲避襲擊者。

蜻蜓
蜻蜓的眼睛佔據頭部大部分地方，牠們的視力好得令人難以置信，能看見的顏色和細節比大部分蟲蟲都多。

側眼用於偵測物體移動。

不同的眼睛
熱帶跳蛛 (tropical jumping spider) 擁有8隻眼睛——兩隻在前方，能夠觀看顏色和對焦，頭部兩側各有3隻眼睛。

這兩點看起來像眼睛，其實是假的！

出色的偽裝
燕尾蝶的幼蟲擁有巧妙的自衛方法：牠用皮膚上的圖案偽裝成眼睛，而真正的眼睛隱藏在身體下面。

用餐時間

就像世上所有生物一樣，蟲蟲也需要進食以維持生命。有些蟲蟲會吃植物，有些較喜歡吃肉，也有些喜愛吃肉和植物的混合大餐。血液和花蜜亦深受部分蟲蟲的歡迎呢。

當植物反咬一口

令人驚訝的是，有些植物也會吃肉，完全顛覆自然界的慣例。捕蠅草 (Venus fly trap) 就是這些食肉植物的其中一員。它能夠活動部分「身體」，以捕捉昆蟲和蜘蛛。

獵物，例如圖中這隻豆娘，落入在張開的捕蠅草刺毛上。

捕蠅草迅速閉上，令獵物無法逃脫。現在它可以開始消化或分解它的獵物。

吃植物的蟲蟲

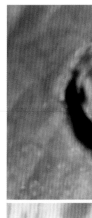

世界上很多地區都有充足的植物供應，植物因此成為主要的食物來源。陸地上的蟲蟲會啃食植物的枝幹、葉子、根部和種子。而生活在池塘附近的蟲蟲，則會進食水中的藻類。

花朵上的花粉會黏住蜜蜂的絨毛。

吃肉的蟲蟲

捕獵是艱辛的工作。許多長有翅膀的蟲蟲會到處飛來飛去，尋捕獵物。相反，有些蟲蟲會蟄伏，靜候獵物經過。食腐的蟲蟲會進食其他捕食者剩餘的食物維生。有些雙翅目昆蟲，例如雌性的蚊子等會從活生生的動物身上吸食血液。

蚜蟲 (aphid) 也被稱為植物蝨或綠蠅。

美味的葉子

葉子對毛蟲等蟲蟲來說是常見的食物來源。牠們會從爽脆的綠葉的一邊一直吃到另一邊，啃食出一條通道，例如這片櫻桃樹葉子。

甜蜜的飲品

蜜蜂會喝花蜜，那是一種可在開花植物上找到、含有糖分的甜味液體。蜜蜂也會利用花蜜在蜂巢裏製造蜜糖。

胡蜂獵人

這隻食蟲蝽象 (assassin bug) 抓住了牠的獵物胡蜂，先用尖銳的吻管刺入胡蜂的身體，再將有毒的唾液注入對方體內。這些唾液會令胡蜂的身體內部變成液體，然後食蟲蝽象便能夠將液體喝掉。

消滅害蟲

細小的蚜蟲會吸食樹液，對植物構成威脅，而瓢蟲很愛吃蚜蟲，因此瓢蟲是防治植物害蟲的好幫手。

迅速移動

昆蟲蟲會急步行走、游泳，或飛行，以各自不同的方式到處去。大部分昆蟲會利用牠們的腿在陸上移動，有些會一飛沖天，或是在水中濺起朵朵水花。

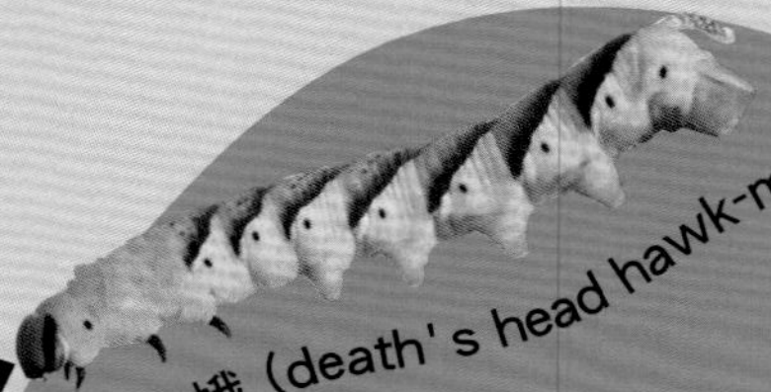

飛行

昆蟲是史上第一種能夠飛行的生物，比鳥類還要早1.5億年出現。如圖中的草蛉是飛行專家，全賴牠們擁有兩組能夠快速拍動的翅膀。

草蛉一般會在天黑後才現身飛行和覓食。

草蛉
(lacewing)

急步行走

有些昆蟲一輩子都生活在陸地上，當中包括木匠蟻（又稱弓背蟻）。牠們會利用輕盈的身體和許多條腿，以高速急步快走。

木匠蟻
(carpenter ant)

毛蟲會爬到植物上吃葉子。

天蛾（death's head hawk-moth）的幼蟲

爬行

擁有許多條腿的話，攀爬從哨的樹幹或植物莖部時便很方便了。有些昆蟲長有爪子，能夠緊緊抓住物體，有些則長有黏乎乎的腳來防滑。

大發現！

世界上所有的昆蟲中，有1%是螞蟻。

14

水上行走

池塘表面的微細水點會黏在一起，形成表面張力。某些昆蟲和蜘蛛有長腿和防水的腳，能夠利用表面張力在水面上快速行走。

水黽 (pond skater)
會以每秒1.5米的速度在水面上移動。

從上方觀看的水黽

斑點潛水甲蟲
(sunburst diving beetle)

這種甲蟲身上常帶着氣泡，讓牠能夠在水裏呼吸。

游泳

有些幼年期的蟲蟲會在水中生活，沿着池塘或者湖泊的底部移動。有些成年的蟲蟲則是游泳好手，可用腿部當作船槳划水。

抓握足
螳螂在捕捉獵物時，會將帶有尖刺的前腿當作雙手一般使用。

跳躍足
草蜢跳躍時會推動強而有力的後腿。

跑步足
蟑螂能夠以高速奔跑，全賴牠們強壯、能快速移動的腿。

蟲蟲的腿

大部分蟲蟲利用腿部來移動或是捕捉食物。3種最常見的蟲蟲腿包括跑步足、跳躍足和抓握足。

昆蟲是什麼？

世界上有各種各樣神奇的蟲蟲，從令人毛骨悚然、會在地上急速行走與蠕動的蟲蟲，到長有翅膀、美妙地在花園中飛舞的蟲蟲，都屬於節肢動物。至目前為止，節肢動物中數量最龐大的一羣就是昆蟲。所有昆蟲都擁有6條腿和分成3節的身體，牠們的外形和大小各有不同，還有一些易於辨認的特徵。

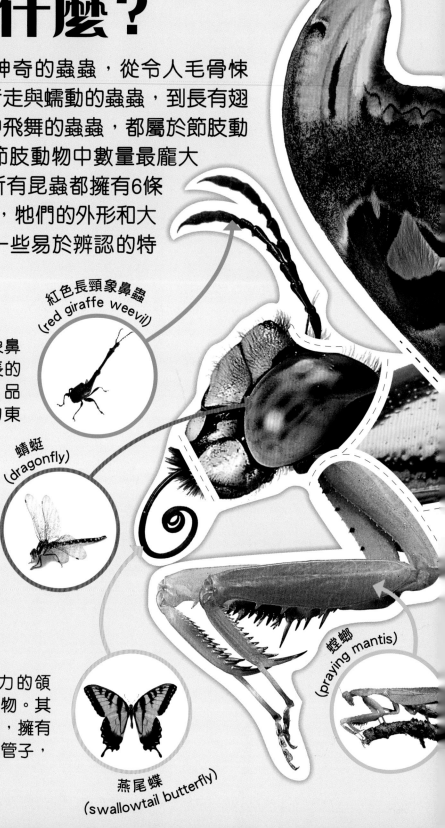

觸角

許多昆蟲就像紅色長頸象鼻蟲一樣，頭部有兩根長長的觸角，幫助牠們觸摸、品嘗、聆聽和嗅聞周邊的東西。

眼睛

有些昆蟲擁有由大量微小晶狀體組成的眼睛，例如這隻蜻蜓。這些稱為複眼的眼睛，讓昆蟲幾乎能看見任何方向的東西。

口器

有些昆蟲擁有強而有力的領部，用來捕捉和咀嚼食物。其他昆蟲，包括燕尾蝶等，擁有如飲管、稱為吻管的管子，用來吸啜食物。

紅色長頸象鼻蟲
(red giraffe weevil)

蜻蜓
(dragonfly)

螳螂
(praying mantis)

燕尾蝶
(swallowtail butterfly)

翅膀

(皇蛾 giant atlas moth)

大部分會飛行的昆蟲，例如圖中這隻皇蛾，都有兩對翅膀。雙翅目昆蟲是唯一例外，只有一對翅膀。昆蟲的翅膀通常又透明又薄，但非常強韌。

鞘翅

黃金甲蟲 (golden beetle)

許多昆蟲，例如黃金甲蟲，擁有猶如硬殼、稱為鞘翅的堅硬翅膀。鞘翅的下方隱藏着第二組較柔軟的翅膀。

身體

有翅黑褐毛山蟻 (winged black garden ant)

所有昆蟲的身體都像這隻蟻一樣，分成3節——頭部、胸部和腹部。

螫刺

歐洲胡蜂 (European wasp)

蜜蜂、胡蜂和大黃蜂都擁有螫刺，當刺入目標的皮膚時會釋出毒液。胡蜂和大黃蜂能夠反覆螫刺。

腿

所有昆蟲都擁有3雙連接着胸部的腿。螳螂能用牠壯碩的前腿，在瞬間抓住獵物。

不可思議的昆蟲

世界上昆蟲的數量比其他動物都要多。目前最少有100萬種昆蟲種類已被命名,而且每日被命名的昆蟲都在增加。科學家根據特徵將昆蟲分成不同的類別,以下是部分你在本書中會遇見的主要昆蟲種類。

蝴蝶與蛾

蝴蝶與蛾的生命由毛蟲開始,接着會經歷神奇的變化。蝴蝶會在日間活動,而蛾是夜行性動物,代表牠們會在晚間到處去。

藍尾翠鳳蝶
(green blumei butterfly)

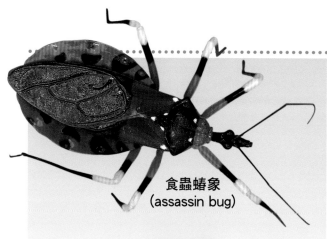

食蟲蝽象
(assassin bug)

蝽象

蝽象最明顯的特徵是牠們大大的觸角、柔軟的身體和用於撕碎食物的鋒利口器。其中一種嗜血的蝽象就是食蟲蝽象,牠們會吸食鳥類和爬蟲類動物的血液。

螞蟻、蜜蜂和胡蜂

螞蟻會建造巢穴,讓數量龐大的蟻羣一起在裏面生活。蜜蜂和胡蜂(俗稱黃蜂)是體型較大、會嗡嗡作響的昆蟲,牠們長有螫刺。許多人不知道螞蟻、蜜蜂與胡蜂屬於同一類別,但牠們分為數節的身體相當相似。

胡蜂
(wasp)

雙翅目昆蟲

大部分昆蟲都擁有4隻翅膀，不過雙翅目昆蟲只有2隻。取代第二雙翅膀的是一種球狀、能幫助飛行的特徵，名叫平衡棒。世上有超過100,000種雙翅目昆蟲。

綠蠅（green bottle fly）

黃金甲蟲
(golden beetle)

甲蟲

甲蟲的種類超過400,000種。牠們的身體閃閃發亮，易於被人發現。這隻黃金甲蟲堅硬的外層看似一個殼，不過那其實是牠其中的一組翅膀。

草蜢和蟋蟀

這是一羣嘈吵的昆蟲！草蜢會用腿磨擦翅膀來唱歌，而蟋蟀會透過磨擦翅膀來發出唧唧的叫聲。這兩種生物都擁有會啃咬的嘴巴，和用於跳躍的長腿。

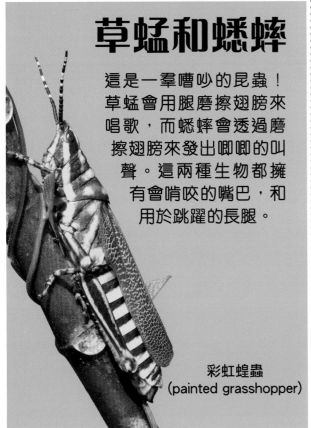

彩虹蝗蟲
(painted grasshopper)

蜻蜓

蜻蜓和豆娘

蜻蜓和豆娘（又稱螅）都是技巧高超的捕獵者。牠們運用過人的視力來鎖定目標和捕捉昆蟲。這些高速飛行者在空中迅速掠過時，形態非常優雅。

寶石甲蟲

牠們居住在熱帶地區，由於身上的鞘翅色彩繽紛，因此特別引人注目。

寶石象鼻蟲
(jewel weevil)

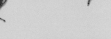

寶石甲蟲

鍬形蟲

雄性的鍬形蟲擁有像鉗子的巨大顎部，用來吸引異性以及與其他雄性打鬥。牠們具備戰鬥力，但有時會乾脆張開鞘翅，拍動翅膀，然後飛走。

鍬形蟲
（stag beetle）

葉甲蟲

顧名思義，葉甲蟲會進食大部分植被，包括植物和花朵。牠們有各種各樣不同的體型大小、外形、顏色和圖案。

百合葉甲蟲
（lily leaf beetle）

甲蟲

甲蟲是數量最龐大的昆蟲族羣，牠們幾乎佔地球上所有昆蟲品種的一半。你能夠憑着閃閃發亮的外層翅膀來辨認出牠們。這對翅膀稱為鞘翅，看起來就像個硬殼，覆蓋着另一雙較柔軟的翅膀。目前已被命名的甲蟲品種大約有400,000種，專家認為世上可能有最少400萬種甲蟲。

天牛

天牛擁有惹人注目的圖案和巨大顎部，當牠們飛起來的時候，會形成一幅奇妙的畫面。牠們的觸角特別長——部分天牛的觸角甚至比身體還要長！

天牛
（longhorn beetles）

大角金龜
（goliath
beetle）

甲蟲的一生

就像其他蟲蟲一樣，甲蟲也需要特定的東西來維持生命——牠們需要產卵，好讓更多甲蟲孵化到這個世界上；牠們需要進食，以獲得能量並成長；牠們也需要找到安全的地方棲息。

實際大小！

聖甲蟲

圖中這隻大角金龜，是聖甲蟲 (scarab beetle) 的一員，世界上大部分地方都能找到牠們。牠們以特別的觸角聞名，觸角的末端能夠打開與閉上，就像小型風扇一樣。

瓢蟲

瓢蟲

這種甲蟲擁有鮮豔的色彩和大大的圓點圖案，可將捕食者嚇走。牠們也會釋出難聞的氣味，令捕食者食慾大減。

科羅拉多金花蟲（Colorado beetle）正在照料自己的蟲卵

產卵
雌性甲蟲能夠在葉子或枝幹上一口氣產下數百顆蟲卵。蟲卵會在數天或數星期內孵化，釋出新的甲蟲(幼蟲)。

芫菁（blister beetle）正在吃樹葉

進食
許多甲蟲以植物為主要糧食，例如葉子、果實和種子；有些甲蟲會捕獵小動物；也有甲蟲會啃食真菌或是糞便。

游泳中的潛水甲蟲（diving beetle，俗稱龍蝨）

棲息地
甲蟲幾乎可以在任何地方棲息，從森林與沙漠，到河流與湖泊，只要那個地方擁有大量食物，牠們就能夠生活。

蜜蜂和胡蜂

蜜蜂和胡蜂都擁有6條腿、分為3節的身體，和兩雙透明的翅膀。你需要仔細觀察，才能夠辨別這兩種嗡嗡作響的昆蟲。

! 大發現！

蜜蜂的螫刺並不光滑——它們是有刺的，上面有大量微小的倒鈎。

毛髮
蜜蜂身體上的毛髮能夠抓住花粉顆粒。

觸角
兩根彎曲的觸角能夠捕捉氣味。

小檔案

蜜蜂

蜜蜂的身體胖乎乎、毛茸茸。有些蜜蜂會從花朵裏吸啜花蜜，並成羣的在蜂巢裏生活。

蜜蜂

» **身長**：長達2厘米
» **食物**：來自花朵的花蜜和花粉
» **壽命**：最多6個月

腿
蜜蜂運用後腿中空、扁平的部分來收集花粉。

腹部
蜜蜂會喝花蜜，能將大量花蜜儲存在腹部。

口器
蜜蜂擁有用來咀嚼的顎部，還有又長又黏的舌頭，可用來吸取花蜜。

螞蟻

就像蜜蜂一樣，螞蟻也擁有彎曲的觸角，用來餵養幼蟻。蜜蜂、胡蜂和螞蟻都會建造井井有條的巢穴，並努力維護牠們的家園。

特別長的觸角
螞蟻的觸角裏有觸覺和嗅覺器官。牠們會通過觸碰來互相打招呼，並靠氣味找到回家的路。

胡蜂

胡蜂（俗稱黃蜂）有修長、光滑的身體。牠們會捕食昆蟲。有些黃蜂會與同類一起住在巢穴裏，有些傾向獨自居住和捕獵。

常見胡蜂

» 身長：1.5厘米
» 食物：昆蟲
» 壽命：最多3星期

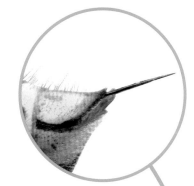

螫刺
胡蜂的螫刺很光滑。只有雌性胡蜂和蜜蜂擁有螫刺。

毛髮
胡蜂長有少許毛髮，與蜜蜂相比，牠們光滑得多。

身體
胡蜂的身體瘦長，非常適合高速飛行和捕獵。

觸角
胡蜂擁有兩根沒有關節的觸角。

口器
胡蜂擁有巨大的顎部，可用來咀嚼及撕碎食物。

腿
胡蜂的腿全都是圓柱形的，並不是扁平的。

超級強壯
螞蟻力大無窮，能夠搬運達到自己身體重量50倍的物件。

螞蟻軍團
螞蟻生活在龐大的蟻羣中，由一隻蟻后統治。工蟻負責建造巢穴、尋找食物及保護幼蟲。

蝽象

人們會用「蟲蟲」(bug) 來稱呼各種各樣古怪的爬蟲。不過，英文中「true bug」其實是指一種名叫蝽象的特殊昆蟲，牠們有長而往外伸出的口器，稱為吻突，用來刺穿及飲用食物。

色彩

蝽象有各種不同的顏色。有些顏色較深或有斑點，有助隱藏自己；有些則色彩鮮豔，有助嚇走襲擊者。

翅膀

蝽象屬於半翅目昆蟲。有些蝽象擁有半透明的前翅，因此看起來就像只有半隻翅膀。

有關節的腿

就像其他昆蟲一樣，蝽象擁有6條腿，並分成3雙。每一條腿分成幾節，那有助行走，部分蝽象也會藉此來跳躍。

仔細看看

蝽象與大部分昆蟲的不同之處，就在牠們特別的翅膀和用於穿刺的口器。我們來仔細觀察這兩部分是如何運作的吧。

拍翼高飛

蝽象都擁有特殊的前翅，例如圖中這隻臭蟲（stink bug）。前翅的前半部很堅硬，後半部則較柔軟和透明。

→ 前翅堅硬的部分

→ 前翅較柔軟和透明的部分

↖ 透明的後翅，用於拍動與飛行

口器

蝽象有長長的、像鳥喙般的喙部，不論外觀或功能都像一根鋒利的飲管。

刺穿和吸食

蝽象會利用尖銳的喙部來刺穿食物，並將它吸食得乾乾淨淨。有些蝽象以植物的汁液為食，而其他蝽象是捕食者，那代表牠們會捕捉其他昆蟲或者喝動物的血液。

獵蝽（wheel bug）

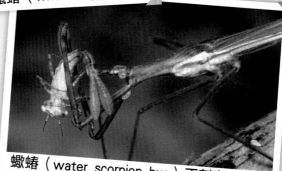

蠍蝽（water scorpion bug）正刺穿並進食豆娘若蟲

！大發現！

這隻寶石蝽象感到受威脅時，可以釋出超級強烈的臭味。

雙翅目昆蟲

會飛行的昆蟲多數有兩雙翅膀，可是大部分雙翅目昆蟲只有一雙翅膀，與此同時，這個族群的昆蟲擁有稱為「平衡棒」的器官，這細小、乾枯、棍狀的器官有助牠們在飛行時保持平衡。

! 大發現！

雙翅目昆蟲什麼都會吃，包括血液與垃圾。牠們毫不挑食！

家蠅 (house fly)

這種蠅類出現在大部分有人類的地方。牠們是食腐動物，會進食死去的生物或腐爛的食物。

家蠅的翅膀每秒能拍動200次。

平衡棒

小檔案
» **身長**：12毫米
» **食物**：腐爛的食物和垃圾
» **棲息地**：農地、住宅和花園

» **比例**

食蚜蠅 (drone fly)

食蚜蠅屬於歐洲食蚜蠅 (European hover fly) 的一員，牠們身體上有黑色與橙色或黃色相間的條紋，令牠看似一隻蜜蜂。

小檔案
» **身長**：15毫米
» **食物**：花朵裏的花蜜
» **棲息地**：花園和田野

» **比例**

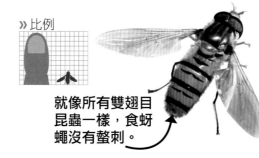

就像所有雙翅目昆蟲一樣，食蚜蠅沒有螫刺。

蝠蠅 (bat fly)

蝠蠅是罕有的生物，沒有眼睛或翅膀。牠們是寄生物，寄居在蝙蝠的毛皮裏，依靠蝙蝠的血液維生。

» **比例**

牠們用有爪子的腳抓牢蝙蝠的毛皮。

小檔案
» **身長**：2毫米
» **食物**：血液
» **棲息地**：蝙蝠的毛皮

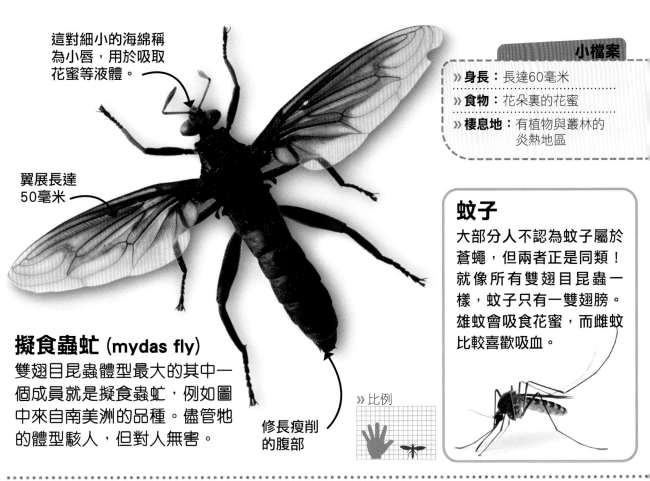

這對細小的海綿稱為小唇,用於吸取花蜜等液體。

翼展長達50毫米

擬食蟲虻 (mydas fly)

雙翅目昆蟲體型最大的其中一個成員就是擬食蟲虻,例如圖中來自南美洲的品種。儘管牠的體型駭人,但對人無害。

» 比例

修長瘦削的腹部

蚊子

大部分人不認為蚊子屬於蒼蠅,但兩者正是同類!就像所有雙翅目昆蟲一樣,蚊子只有一雙翅膀。雄蚊會吸食花蜜,而雌蚊比較喜歡吸血。

» 比例

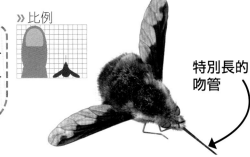

特別長的吻管

蜂虻 (bee fly)

蜂虻擁有胖胖的、毛茸茸的身體,外型似熊蜂。牠們會在其他昆蟲身上產卵,好讓幼蟲能夠吸食昆蟲的血液,幼蟲長大後才會離開。

盜虻 (robber fly)

與大部分雙翅目昆蟲不同,盜虻會襲擊其他昆蟲。牠會將致命的毒液注入獵物的身體裏,然後吸食已被分解的部分。

» 比例

便於捕捉獵物的大眼睛

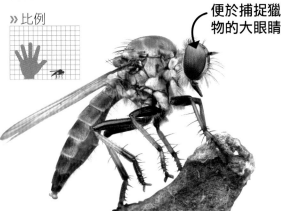

蜻蜓
蜻蜓擁有兩雙可以獨立地拍動的翅膀，有助牠們的飛行速度達至每小時50公里。

雙翅目昆蟲
蒼蠅能夠往前、後和側面飛行，或者懸浮在空中。牠們的翅膀後面有細小的球狀結構，稱為平衡棒，有助牠們判斷自己是否平衡。

食蚜蠅
(hover fly)

甲蟲
瓢蟲等甲蟲那堅硬的外側翅膀稱為鞘翅，可保護其餘兩隻脆弱的翅膀。

藍晏蜓
(southern hawker dragonfly)

翅脈會令翅膀更堅韌。

七星瓢蟲
(seven-spot ladybird)

翅膀

許多昆蟲會飛到天空中尋找食物、捕捉獵物、躲避捕食者，或是結識伴侶。大部分昆蟲擁有兩雙翅膀，不過有些昆蟲，例如雙翅目昆蟲只有一雙翅膀。昆蟲的翅膀通常非常薄，當中布滿了翅脈，令翅膀更堅韌。

草蜢和蝗蟲
大部分草蜢和蝗蟲都有兩雙翅膀。其中一雙翅膀又狹長又強而有力，而另一雙則又寬又容易彎曲。

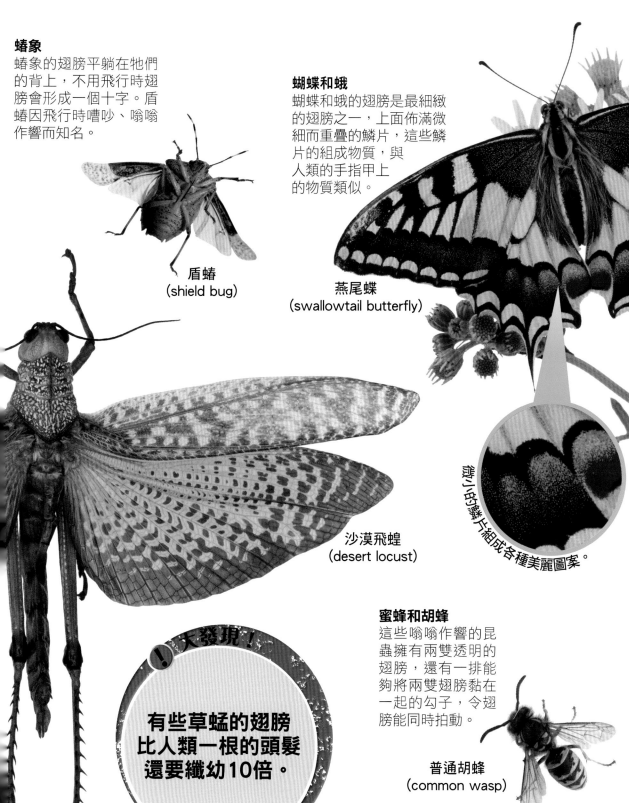

蝽象

蝽象的翅膀平躺在牠們的背上，不用飛行時翅膀會形成一個十字。盾蝽因飛行時嘈吵、嗡嗡作響而知名。

盾蝽
(shield bug)

蝴蝶和蛾

蝴蝶和蛾的翅膀是最細緻的翅膀之一，上面佈滿微細而重疊的鱗片，這些鱗片的組成物質，與人類的手指甲上的物質類似。

燕尾蝶
(swallowtail butterfly)

微小的鱗片組成各種美麗圖案。

沙漠飛蝗
(desert locust)

大發現！

有些草蜢的翅膀比人類一根的頭髮還要纖幼10倍。

蜜蜂和胡蜂

這些嗡嗡作響的昆蟲擁有兩雙透明的翅膀，還有一排能夠將兩雙翅膀黏在一起的勾子，令翅膀能同時拍動。

普通胡蜂
(common wasp)

蝴蝶

蝴蝶色彩斑斕，擁有帶有圖案的翅膀。牠們有6條有關節的腿、由大量晶狀體組成的眼睛，還有長長的觸角。這些奇妙的飛行家會在世界上大部分地方出現。

大藍閃蝶
（blue morpho butterfly）

這種蝴蝶擁有奪目的藍色翅膀，令牠容易被人看見。

蝴蝶休息時，翅膀會合上並豎起。

潘豹蛺蝶
（cardinal butterfly）

這對長長的觸角有觸覺、嗅覺，並能感知振動。

凱恩斯鳥翼蝶
（Cairns birdwing butterfly）

猜猜看

要區分蛾和蝴蝶相當困難。你能猜到這些特徵屬於哪種昆蟲嗎？運用圖片來幫助辨別吧。

1

這種昆蟲柔和的色彩有助牠隱藏於身處的環境中。

2

這種昆蟲有短小的、羽毛狀的觸角，上面有超過30,000個感應器。

和蛾

蛾與蝴蝶關係密切。有些蛾色彩鮮豔，有些顏色較暗淡，翅膀上圖案較簡單，以助牠們融入茂密的樹林中。大部分蛾會在白天休息，晚間才會出沒飛行。

蛾的觸角比蝴蝶的短。

蠶蛾（silk moth）

蛾休息時會張開翅膀平放。

沙地毯尺蛾（sandy carpet moth）

酒徒蛾（drinker moth）

許多蛾都有毛茸茸的身體。

3

這種昆蟲有長長的觸角，還有蜷曲的吻管，在進食的時候才伸展出來。

4

毛茸茸的身體可能有助這種昆蟲在晚間飛行時保持溫暖。

5

這種昆蟲色彩鮮豔，使牠在白天飛行時清晰可見。

成為一隻蝴蝶

蝴蝶是眾多不可思議的昆蟲之一，因為牠在成長過程中外表會完全改變。這個自然界中最神奇的過程稱為「變態」。

觸角有助蝴蝶嗅聞花蜜並保持平衡。

蝴蝶離開牠的蛹後數小時內便會開始飛行。

生命各個階段

蝴蝶卵經歷許多變化後，才會成為蝴蝶展翅飛翔。視乎蝴蝶的不同品種，整個過程可能需時一個月至一年。

 卵
蝴蝶會在植物上產卵。蝴蝶的品種決定了卵的大小、形狀和顏色。

 幼蟲
細小的毛蟲會從卵中孵化。蝴蝶幼蟲非常飢餓，孵化後便立即開始啃食葉子，並迅速長大。

 蛹
成熟的毛蟲會將自己包裹在蛹裏，並改變形態形成一隻蝴蝶。這個蛹裏的蝴蝶差不多要破蛹而出了。

4 成蟲
蛹會裂開，露出一隻準備展開新簇簇翅膀的蝴蝶。這隻北美帝王蝶（North American monarch butterfly）會以花朵裏的花蜜作為食物，以獲取飛行時所需的能量。

產卵

成年的雌性蝴蝶會尋找伴侶，然後在植物上產卵。蝴蝶卵很快便會孵化，然後變態的循環又重新開始。

蟋蟀和草蜢

這些嘈吵的昆蟲會磨擦身體不同部位來「唱歌」，藉此吸引異性。蝗蟲（一種草蜢）和螽斯（一種蟋蟀）都擁有特別長的腿來幫助牠們跳躍。

！ 大發現！

一羣蟋蟀在英語稱為「orchestra」（意即管絃樂團）。

褐色雛蝗（Common field grasshopper）

這種草蜢以牠毛茸茸的胸部而知名！牠能夠快速飛行，有時候會成羣結隊地聚集在一起。

草蜢透過將後腿磨擦翅膀來發出聲音。

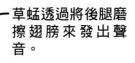

小檔案
» **身長**：長達25毫米
» **食物**：主要為植物
» **棲息地**：田野和草原

» 比例

小檔案
» **身長**：長達20毫米
» **食物**：昆蟲和植物
» **棲息地**：草原

» 比例

灌木蟋蟀（bush cricket）

灌木蟋蟀有許多不同的顏色。牠們不會飛行，但會運用強而有力的後腿來跳躍。

» 比例

小檔案
» **身長**：長達50毫米
» **食物**：植物和昆蟲
» **棲息地**：非洲灌木叢

披甲蟋蟀（armoured ground cricket）

這些不會飛行的非洲昆蟲有牢固的盔甲，看來很不可思議。覆蓋着胸部的脊椎為牠們提供了額外的防衞。

擬葉螽斯
（leaf-mimic katydid）

擬葉螽斯是模仿枯葉的能手，這本領有助牠們避免被吃掉。牠會利用腿上的聽覺器官來聆聽聲音。

牠的身體看起來布滿葉脈，十分乾燥，就像一塊枯葉。

小檔案

» **身長**：長達60毫米

» **食物**：植物

» **棲息地**：森林

» 比例

小檔案

» **身長**：長達100毫米

» **食物**：植物

» **棲息地**：大多住在雨林中

» 比例

這種螽斯綠色的身體能讓牠在雨林中隱藏起來。

尖刺鬼王螽斯 （spiny devil katydid）

這種螽斯主要生活在北美洲和南美洲的雨林中。牠們的腿上尖銳的刺警告捕食者保持距離。

綠乳草蝗（green milkweed locust）

這種蝗蟲的翅膀色彩繽紛，讓捕食者知道牠們是有毒的。牠們身上的毒素來自牠們食用的有毒乳草。

大大的翅膀用於長途飛行。

彩虹的顏色是有毒的警示。

小檔案

» **身長**：長達70毫米

» **食物**：植物

» **棲息地**：草原與森林

受威脅時牠們會升起並磨擦翅膀

修長而強壯的後腿

» 比例

蜻蜓和豆娘

蜻蜓和豆娘（又稱螅）會在池塘和河流之間疾衝，牠們是敏捷的獵人，四處尋找昆蟲作為食物。兩種昆蟲都有大大的複眼和兩雙翅膀。與豆娘相比，蜻蜓的體型較大和強壯，飛行速度也較快。

！大發現！

蜻蜓的捕獵成功率高達95%，是動物界中最出色的獵人之一。

赤蜻（common darter）

赤蜻的英文名稱與牠捕獵的方式有關，牠們會從棲息處俯衝，以抓住正在飛行的昆蟲。接着牠會飛回棲息處把昆蟲吃掉。

休息時4隻翅膀會從身體伸展開來。

» 比例

小檔案

» **身長**：40毫米

» **棲息地**：濕地和花園

» **壽命**：1年

紫紅蜻蜓（crimson marsh glider）

這種色彩鮮豔的蜻蜓在陽光照耀下閃閃生輝，不過牠也能夠躲藏在花朵之間。

輕盈、柔軟的身體

» 比例

小檔案

» **身長**：30毫米

» **棲息地**：河流和沼澤

» **壽命**：1年

基斑蜻（broad-bodied chaser）

基斑蜻身體寬闊，喜愛追捕其他昆蟲為食，這也是牠的英文名字的由來。

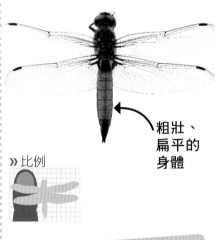

粗壯、扁平的身體

» 比例

小檔案

» **身長**：45毫米

» **棲息地**：池塘和湖泊

» **壽命**：2年

與蜻蜓比較，豆娘的眼睛分隔得較遠。

牠的背部非常柔軟，能輕易彎曲成多個分節。

》比例

稀少翡翠豆娘（scarce emerald damselfly）

這種豆娘一身耀目的綠色，能與水邊的蘆葦融為一體，有助牠躲避鳥類和小型蜥蜴等獵人。

小紅豆娘（small red damselfly）

這種細小、豔麗的豆娘是嬌嫩的飛行者，不會飛得太遠，常常停留在水源附近。

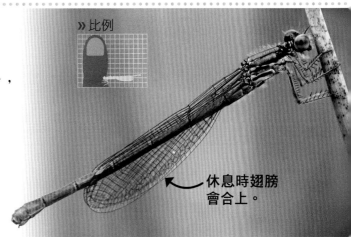

》比例

休息時翅膀會合上。

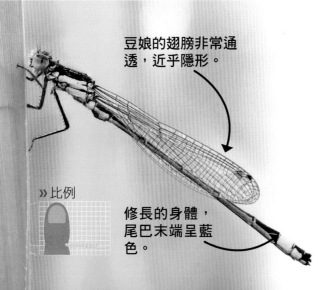

豆娘的翅膀非常通透，近乎隱形。

》比例

修長的身體，尾巴末端呈藍色。

藍尾豆娘（blue-tailed damselfly）

這種豆娘擁有局部藍色的身體、藍色的尾巴，和藍色的眼睛。牠會吃被蜘蛛網捕獵的昆蟲。

昆蟲的親屬

昆蟲並不是節肢動物中唯一的奇妙生物。所有節肢動物，包括有8條腿的蛛形綱動物和有許多條腿的多足綱動物，都擁有附有關節的腿、分成數節的身體和堅硬的外殼，因而被列為同一類別。牠們也是無脊椎動物，代表牠們沒有脊骨。

螯刺內充滿了毒液。

帝王蠍（emperor scorpion）

蠍子

蠍子是擁有盔甲的蛛形綱動物。牠們可用強壯的鉗子將獵物壓碎，或者透過尾巴末端的螯刺將毒液注射進獵物體內。

絨蟎（velvet mite）

蟎和蜱

這些細小的蛛形綱動物都是寄生物，即是牠們生活在其他生物上，以吸食宿主的血液維生。

鹿蜱（deer tick）

沙漠巨毛蠍（giant desert hairy scorpion）

皇帝蠍（imperial scorpion）

巨虎蜈蚣（giant tiger centipede）

蜈蚣可以重新生長出掉落的腿。

巨馬陸（giant millipede）

盲蛛（harvestmen）

這種蛛形綱動物看似瘦骨如柴的蜘蛛。與蜘蛛不同的是，牠們只有2隻眼睛，而不是8隻，而且牠們不會產生毒液。

盲蛛可以丟棄自己的腿，以逃離險境。

多足綱動物

多足綱動物，例如馬陸和蜈蚣，都是擁有許多條腿的節肢動物。蜈蚣的每一個身體分節上都有一雙腿，而馬陸則更多，每一個身體分節上有兩雙腿。

盔甲馬陸（armoured millipede）

緬甸馬陸（Burmese millipede）

家隅蛛（house spider）

蜘蛛

蛛形綱動物之中，蜘蛛大約佔一半。蜘蛛擁有8隻眼睛和8條腿，大部分更有鋒利的尖牙，可以將毒液注入獵物體內。

實際大小！

沙漠金髮狼蛛（desert blonde tarantula）

狼蛛毛茸茸的腿能夠感知附近的獵物（例如甲蟲）和捕食者（例如蛇）的動向。

穴蛛（cave spider）

藍寶石華麗雨林蛛（gooty tarantula）

蜘蛛蟹（spider crab）利用牠們敏感的腿來尋找食物。

鱟（horseshoe crab）

這種非同尋常的節肢動物並不是蟹，甚至不是甲殼動物。牠是節肢動物家族中稱為肢口綱的分支成員。鱟有「活化石」之稱，3億年前已經存在，當時的樣子和現在幾乎完全相同。

多刺蜘蛛蟹（spiny spider crab）

甲殼動物

甲殼動物，例如蟹和龍蝦等，外表也許和其他蟲蟲毫不相似，但牠們也屬於節肢動物。牠們有時會被稱為「大海中的蟲蟲」。

鱟的尾巴能幫助牠游泳，尖刺可用作防衛。

寄居蟹（hermit crab）

美洲螯龍蝦（American lobster）

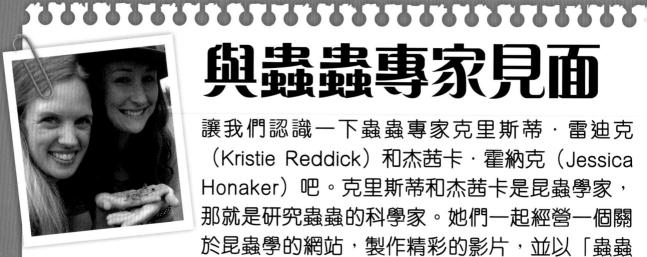

與蟲蟲專家見面

讓我們認識一下蟲蟲專家克里斯蒂·雷迪克（Kristie Reddick）和杰茜卡·霍納克（Jessica Honaker）吧。克里斯蒂和杰茜卡是昆蟲學家，那就是研究蟲蟲的科學家。她們一起經營一個關於昆蟲學的網站，製作精彩的影片，並以「蟲蟲小妞」（the Bug Chicks）的名義到訪世界各地。

問：我們知道你們的工作與蟲蟲有關，但實際上你們會做什麼？

答：當我們還在大學讀書時，杰茜卡專門研究會吃農作物的好蟲，還有如何減少農民使用的化學物質（殺蟲劑）。克里斯蒂則研究避日目蛛形綱動物，那是蜘蛛在非洲的遠親。她發現了一個新的品種，並觀察這些動物會吃什麼，還有會被什麼吃掉。現在我們會到處講解關於昆蟲、蜘蛛和牠們的親屬所組成的奇妙世界。

克里斯蒂在肯尼亞研究避日目蛛形綱動物，圖中的動物正在啃食一隻草蜢。

問：是什麼讓你們下定決心成為昆蟲學家？

答：蟲蟲很厲害！從害蟲到傳粉者，牠們在地球上無處不在。如果蟲蟲消失了，世界將不再一樣。蟲蟲的迷人之處無窮無盡，永遠不會令我們生厭！

問：你們工作時會使用特殊的工具嗎？

答：昆蟲學家會使用許多不同的工具來收集和研究蟲蟲。我們會用捕蟲網在草叢和半空中搜捕蟲蟲，用吸引器從植物上吸起微小的蟲蟲，還會用陷阱捕捉地面上的蟲蟲。我們也會利用「夜間布光」技術——即是在晚上掛起一塊白色的牀單，並向它照射燈光，以吸引夜行性昆蟲。我們的辦公室裏有一個「節肢動物園」，因此也會用大量的籠子來確保動物的安全。

問：你們平常的工作日是怎麼度過的？

答：我們花許多時間向年輕人傳授關於蟲蟲的知識。我們會到學校和圖書館演講及展出我們的節肢動物園，也會拍攝影片及在博客上寫文章。

克里斯蒂正在檢查象糞，尋找蟲蟲的蹤跡。

蟲蟲小妞正在拍攝她們的節肢動物園。

問：你們的工作最吸引的地方是什麼？

答：我們熱衷於改變大眾對昆蟲和蜘蛛的想法。協助他們克服自身的恐懼，是妙不可言的經驗。

問：你們希望人們多了解蟲蟲的哪些特點？

答：我們希望他們明白蟲蟲並無意傷害人類！假如沒有蟲蟲，世界會失去人類賴以生存的條件。蟲蟲是循環再造者和傳粉者，也是許多動物的食物來源。我們應該尊重蟲蟲！

問：現今蟲蟲面對的最大問題是什麼？

答：失去棲息地，還有農民使用太多或錯誤的農藥。隨着森林不斷消失，而人類在蟲蟲以往生活的土地上大興土木，我們失去了一個又一個蟲蟲品種。另外，許多有用的昆蟲，例如蜜蜂等，也因為農民使用的化學物質而掙扎求存。

問：我們可以做什麼來幫助蟲蟲呢？

答：人類能夠通過減少噴灑殺蟲劑，或是不隨便殺死蟲蟲來幫助牠們。如果你在家中發現了一隻昆蟲或者蜘蛛，可以考慮小心地將牠送到戶外，將牠放走。不要直接向牠噴化學物質，或是一腳踩在牠身上。蟲蟲也是動物，也值得生存在這世上呢。

杰茜卡手上的是一隻友善的馬陸。

觀察蟲蟲

去捕捉蟲蟲是一件充滿樂趣的事，你永遠不會知道在遼闊的戶外空間裏會發現什麼。要保持耐性，仔細觀察，小心謹慎地處理蟲蟲。來看看以下給新手蟲蟲獵人的有用小貼士吧。

準備工具

預備一個捕蟲網和一個盤子或瓶子，用來放置蟲蟲。（但千萬別將瓶蓋扭緊——蟲蟲也需要呼吸空氣。）

多做研究

透過翻查書本和瀏覽有用的網站，盡可能找出你感興趣的蟲蟲的所有資料。

選擇捕蟲地點

到郊外、樹木茂密的區域或是鄰近的公園去。你可以在樹上、石塊下和草叢裏找到蟲蟲。

搜尋線索

到處觀察，找尋蟲蟲活動的痕跡，例如被啃咬過的樹葉，或是精密的巢穴和網狀結構。

仔細傾聽

蟲蟲往往會產生嗡嗡聲或者其他聲響。保持安靜，細心聆聽，讓這些聲音帶領你接近蟲蟲吧。

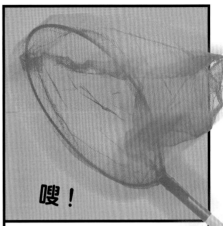

迅速行動

捕捉蟲蟲時必須動作迅速。許多蟲蟲有銳利的視力和超快的速度，因此你必須毫不遲疑地移動。

作出記錄

繪畫出你找到的蟲蟲，並詳細描述牠們。你甚至可以將你的蟲蟲筆記和繪圖變成一本精彩的蟲蟲書呢。

放走蟲蟲

當你完成記錄後，請將蟲蟲帶到你發現牠們的地點附近將牠們放走。輕輕地將牠們放在地上，以免傷害到牠們。

蟲蟲的家

不論是躲在高聳的樹梢上、深藏地底、在水中暢游，或是建築巢穴，蟲蟲在世界每個角落都能安居。試試完成這個測試，找出這些蟲蟲住在哪一個地方吧。

樹木 ②
從根部、枝幹到葉子，樹木為許多蟲蟲提供了安全的棲身之所。

池塘 ①
淡水池塘和溪流都生機處處。有些住在這些水源附近的蟲蟲以藻類為食物。

A

螞蟻
數以千計的螞蟻會聚集成羣，一起生活。牠們會一同建造及維護由蟻后統治的家園。

B

足絲蟻（webspinner）
這些熱帶昆蟲擁有絲腺，會在葉子茂密的地方織網，並進食苔蘚、樹皮和葉子。

C

胡蜂
牠們是最忙碌的蟲蟲之一，這些飛行好手會咀嚼木頭，並利用木漿來建造蜂巢。

窩

窩裏吵吵鬧鬧的，有很多不同的活動在裏面發生。有些會飛行的蟲蟲會以柔軟的蠟質來建窩。

4

3

巢

這些製作精巧的家居，是由勤奮的蟲蟲以咀嚼過的木質纖維在樹上建造。

地下

巨大的生物羣落建立了位於地下的家園，裏面有龐大的隧道網絡和穴室。

5

隱蔽的陷阱

小心看清楚你踩踏的地方！森林地面上的泥土和葉子，可能是用來隱藏下方秘密的巢穴。

6

D

螲蟷
（trapdoor spider）

隱密的織網蜘蛛會在黑暗的地方建立堅固的家，並在上面捕食和產卵。

E

蜉蝣（mayfly）

這種飛行昆蟲壽命很短，牠會將一生的時間用於在水中產卵和尋找食物，例如藻類。

F

蜜蜂

數以千計的工蜂會同心合力，在遠離地面的高處建造錯綜複雜的蜂巢。

抵禦敵人

只有擁有最佳防禦的動物，才能避免被其他生物吃掉。隨時日流逝，蟲蟲已發展出一些動物王國中最厲害的防禦方法。

刺蟲（thorn bug）

這些稱為刺蟲的微小角蟬（treehopper）是偽裝大師。你在這張照片中找到多少隻刺蟲？

防禦手段

有些蟲蟲會以極端方法來防止或逃避敵人來襲。從長有尖刺至噴出物質，到散發惡臭或是跳彈逃開，這些蟲蟲展示出最厲害的自衞本能。

擬斑蛺蝶（red-spotted purple butterfly）

這種蝴蝶在人類眼中看來美麗又鮮豔，不過對捕食者來說，這些色彩，卻是有毒的警示。

叩頭蟲（click beetle）

危急時，叩頭蟲會利用鞘翅彈跳到半空中以逃出險境，期間會發出一聲響亮的「咔答」聲。

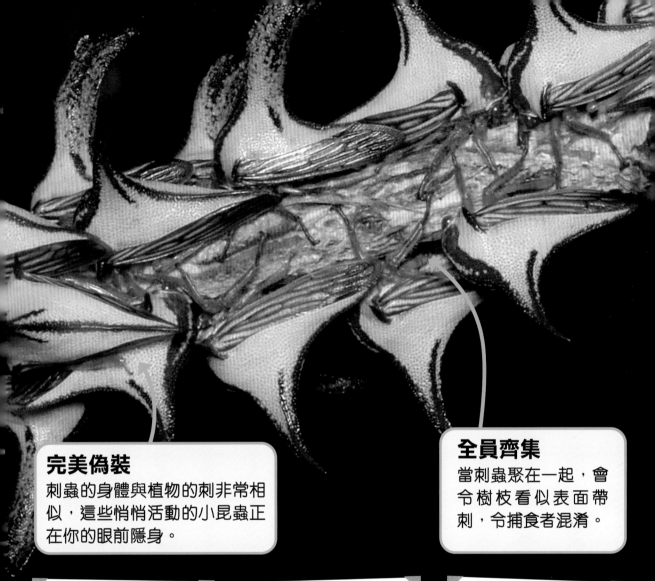

完美偽裝

刺蟲的身體與植物的刺非常相似，這些悄悄活動的小昆蟲正在你的眼前隱身。

全員齊集

當刺蟲聚在一起，會令樹枝看似表面帶刺，令捕食者混淆。

放屁蟲
（bombardier beetle）

捕食者應當提防放屁蟲，牠們受威脅時會噴出有毒的液體。

紅帶袖蝶幼蟲
（postman caterpillar）

紅帶袖蝶幼蟲身上大大的尖刺會令捕食者在施襲前三思。

臭蟲（stink bug）

臭蟲能夠從胃部釋出一股難聞的臭味，挺身而出保護幼蟲。

蚊子

蚊子發出的響亮嗚嗚聲來自牠們每秒鐘拍動400次的翅膀。蚊子晚上會到處飛來飛去，尋找能供牠們吸食血液的動物。

嗚嗚嗚嗚嗚嗚嗚嗚嗚嗚嗚嗚！

答答答答答答答答答答答

報死蟲（deathwatch beetle）

報死蟲會將頭部輕輕敲在木頭上，以吸引伴侶或破壞木頭來獲取食物。有說有些人在深夜不眠不休地陪伴生病的親人時，會聽見牠們敲木頭的答答聲，牠們也因此得名。

嗡嗡嗡嗡嗡嗡嗡嗡嗡嗡嗡嗡嗡嗡嗡嗡嗡

胡蜂

胡蜂飛行的時候，翅膀會發出嗡嗡聲。當巢穴受到威脅時，牠們會加快拍動翅膀，產生更響亮的嗡嗡聲，務求將敵人嚇走。

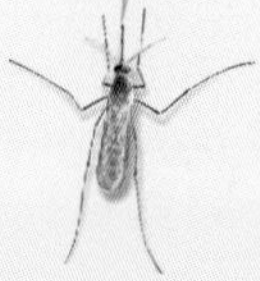

吵鬧的蟲蟲

雖然蟲蟲體型細小，有些卻能夠發出非常巨大的聲響！許多蟲蟲會藉由磨擦身體不同部分來製造出嘎嘎聲或唧唧聲等聲音，達到和同類溝通、求偶或是嚇走襲擊者等目的。

知了！

馬斯馬斯 嘶嘶 嘶嘶 嘶嘶 嘶嘶 嘶嘶 嘶嘶 嘶嘶！

巨蟬（giant cicada）

最嘈吵蟲蟲大獎的得主，就是雄性巨蟬。牠們身上有細小的鼓，稱為鼓膜，能產生出高昂的聲音，在1.6公里外也能聽見。

!
最嘈吵的蟲蟲！

馬達加斯加蟑螂（Madagascar hissing cockroach）

馬達加斯加蟑螂發出的聲音就像蛇一樣。雄性會將空氣從身體的呼吸孔推出，以發出響亮的嘶嘶聲，將襲擊者嚇跑，同時令雌性留下深刻印象。

聲音工程師

雄性螻蛄 (mole cricket) 會利用曲調來尋找伴侶。牠會挖出一個入口像喇叭形狀的洞穴，然後坐在洞穴底部發出嗡嗡聲，洞穴入口的形狀會將聲音傳到遠處，遠至2公里外也能聽見。

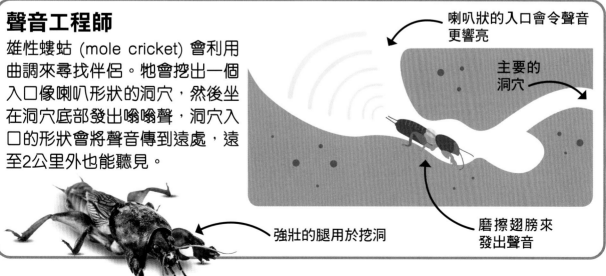

喇叭狀的入口會令聲音更響亮

主要的洞穴

強壯的腿用於挖洞

磨擦翅膀來發出聲音

黑暗中的亮光

發光昆蟲就像一片魔法光海，在黑暗中發出光芒，形成了令人驚歎的美景。牠們能夠像小夜燈般自行發光，以吸引伴侶，或藉着亮光捕捉其他昆蟲。這種神奇的特技稱為「生物發光」，意思就是「生物產生的光」。

螢火蟲 （firefly）
這些甲蟲是夜行動物，只在晚間活動。雄性螢火蟲會發出黃色、橙色或綠色的光，或是按規律發出閃光來吸引雌性。

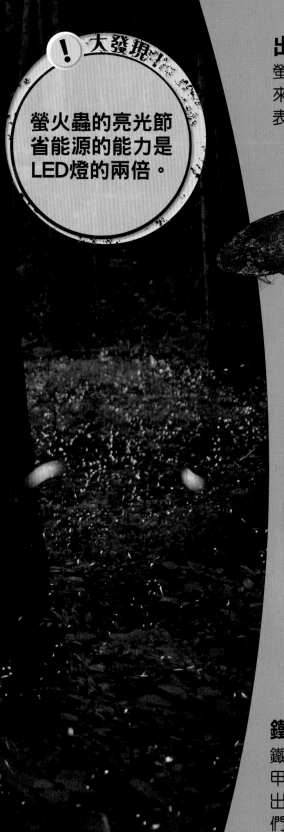

！大發現！

螢火蟲的亮光節省能源的能力是LED燈的兩倍。

出色的發光者

螢火蟲不是唯一會發光的蟲蟲。一起來認識另外兩種昆蟲，和牠們出人意表的發光方式吧。

晚間的叩頭蟲

叩頭蟲（click beetle）

叩頭蟲是來自熱帶的昆蟲品種，牠會從兩個綠色的「前燈」，還有身體下方的一處發光。如果叩頭蟲感受到威脅，這些光會變得更亮。

鐵道蟲亮起了所有的光

鐵道蟲（railroad worm）

鐵道蟲並不是真正的蠕蟲——牠們其實是甲蟲的幼蟲。這種夜行動物身體兩側會發出黃綠色的亮光，而頭部會發出紅光。牠們會在捕獵時熄滅身體兩側的光。

極地生存者

蟲蟲是地球上最強韌的生物之一，許多品種都能在極端環境中生存。從熾熱到嚴寒的環境，甚至在危及性命的條件下，這些蟲蟲仍能繼續存活，一枝獨秀。

在寒冷的環境裏

隨着溫度下降，大部分蟲蟲會在樹木或岩石附近躲起來，以節省能量來保暖。只有最極端的蟲蟲能夠在令人筋疲力盡的嚴寒中生存。

收集食水
在非洲納米比沙漠裏，擬步蟲（darkling beetle）正收集身體上因海霧而凝結的小水點，然後將水倒進嘴巴裏。

小水點

在炎熱的環境裏

在酷熱的環境裏，動物通常會尋找遮蔽，避開猛烈的陽光，或是只會在晚間活動，以保持涼快。不過這兩種極端的蟲蟲並不在意整天都暴露在烈日之下。

沙漠的生存者
在一天最炎熱的時間中，撒哈拉沙漠蟻（Sahara Desert ant）會四處出沒，吃掉在灼熱陽光下死去的昆蟲。

有些蟲蟲會產生出防凍劑，以阻止體內的水分變成冰。

在災難裏

人類無法在冰塊裏或沸騰的水中存活太長時間，有些蟲蟲的生命力卻比人類更強。來認識一下這些在危難中仍能生存的蟲蟲吧。

厲害的毛毛蟲

北極燈蛾幼蟲（Arctic woolly bear caterpilla）大部分時間都結成冰，但其實牠仍然生存，等到夏季天氣變得較溫暖，牠們便會解凍。

在高山間移動

喜馬拉雅跳蛛（Himalayan jumping spider）以白雪皚皚的高山為家，牠們擁有強壯的腿和優秀的視力，能在嚴寒中捕捉獵物。

同類相食的蟑螂

蟑螂在緊急情況下仍能存活，因為牠們會吃任何東西，必要時甚至會吃掉同類！

有毒的家

個別細小的甲殼動物，例如這些生活在深海火山口附近、一片漆黑又灼熱的水域裏的雪人蟹（Yeti crab），依靠進食火山口釋出的有毒細菌維生。

努力工作

這些昆蟲都是自然界中非常勤勞的工人，牠們的工作包括傳播花粉、處理害蟲等，對我們的日常生活有重大的益處。牠們製造的某些東西會變成有用的布料和美味的食物。

大發現！

工蜂一生中會製造出大約1/12茶匙的蜜糖。

園丁

蜜蜂會在不同的花朵之間傳播花粉，這過程稱為傳粉作用。

農夫

有些昆蟲，例如蚜蟲（aphid）等可能會損毀農作物，而瓢蟲（lady beetle）會吃掉蚜蟲。

傳粉作用能保持我們的花園生長繁茂，90%的野花依賴昆蟲傳粉。

會損害農作物的害蟲減少後，農作物便能生長得更高大、更強壯。

菜單上的蟲蟲

人類許多文化都會以蟲蟲作為食物。不論是經過烹調或是生吃，螞蟻、甲蟲、蟋蟀、蝗蟲和蠕蟲在某些國家裏是常見的零食。蟲蟲也會製作人們喜愛享用的食物，例如由蜜蜂生產的甜美蜜糖。

享用蟲蟲

蜜糖

清潔人員

糞金龜（dung beetle）會將糞便滾成圓球，然後將糞便球埋好，或是在球裏產卵。

我們的環境和農地變得更清潔，而埋在土地下的糞會將營養送回土壤裏。

裁縫

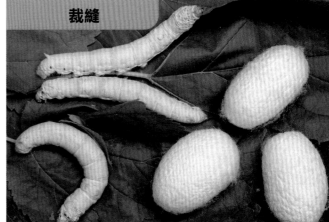

蠶蛾（silk moth）在幼蟲階段會花上許多時間編織絲質的蛹作為保護。

我們會將蠶蛹紡織成絲綢，用來製作衣服和其他產品。

蟲蟲之最

世界上有成千上萬種蟲蟲，牠們之間可以作出各種各樣的競賽。從最細小的蟲蟲，到最長的蟲蟲，從最快的蟲蟲到咬噬速度最高的蟲蟲，這裏為你揭曉每個項目的勝利者。

翼展最長的蟲蟲

來自亞洲的皇蛾（atlas moth）是世界上最大的蛾。牠的翼展可長達25厘米。

壽命最長的蟲蟲

白蟻蟻后能夠生存長達50年。白蟻工蟻的壽命要短得多，只能活1至2年。

壽命最短的蟲蟲

蜉蝣（mayfly）極少能生存超過1天。牠死去前只夠時間交配和產卵。有些蜉蝣的壽命甚至短至30分鐘。

最強壯的蟲蟲

直角淜蜣 (horned dung beetle) 能夠拉動等同自己體重1,100倍的物件。那相當於一個人舉起6輛雙層巴士！

最快速的蟲蟲

虎甲蟲（tiger beetle）是移動速度最快的蟲蟲，達到每小時9公里。這相等於每秒鐘移動等同牠身體長度125倍的距離。

咬噬最迅速的蟲蟲

鋸針蟻（trap jaw ant）能夠以每小時233公里的速度將顎部打開和閉上。那比眨眼的速度快2,300倍。

跳得最遠的蟲蟲

沫蟬（froghopper）能利用牠強壯的肌肉跳躍到70厘米高，那相當於牠自己身高的70倍！

最多腿的蟲蟲

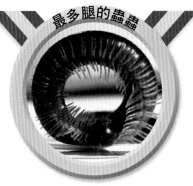

馬陸擁有的腿比任何生物都要多，數量可達超過700條，但大部分擁有多達400條腿。

最嘈吵的蟲蟲

巨蟬是地球上聲量最高的蟲蟲。牠的叫聲比電單車還要大，在1.6公里外也能聽見。

最重的蟲蟲

巨沙螽（giant weta）是迄今發現的最巨大的蟲蟲。牠的重量可高達71克，比一隻老鼠還要重3倍！

飛得最快的蟲蟲

蜻蜓是世界上飛得最快的蟲蟲，飛行速度達到每小時50公里。

最細小的蟲蟲

纓小蜂（fairy fly）可能只有1/4個句號那麼大。這些微小的黃蜂無處不在，但因為太細小而無法輕易看見。

最長的蟲蟲

竹節蟲（stick insect）能夠生長至56厘米長。長長的身體有助牠在樹林的枝幹之間隱藏起來。

蟲蟲大數據

蟲蟲是神奇的生物。這裏有一些關於蟲蟲、又怪異又神奇的事實，你可能前所未聞！

蝴蝶看得見的顏色比人類看得見的還要多。

周期蟬（periodical cicada）會花13年或17年在地下度過，然後同種的若蟲會在同一時間破土而出。

10,000,000,000,

100倍

貓蚤能夠跳躍至身體長度約100倍的距離。

5,000隻

瓢蟲一生中能吃下多達5,000隻昆蟲。

雌性狼蛛壽命可長達**35年**。

蜂巢裏有多達
80,000隻蜜蜂，
但只有一隻蜂后。

啾嚕 啾嚕

蟋蟀在某些國家被當成寵物飼養，因為人們喜歡牠的叫聲。

000,000,000,000

（10萬萬億）是世界上所有昆蟲的總數量。

1.5米

臭蟲的氣味非常難聞，在1.5米外你仍能嗅到牠那有毒的惡臭。

6米

6米是部分品種的白蟻蟻丘的高度。

詞彙表

以下是一些對學習蟲蟲有用的詞語和解釋。

三畫

小唇 labella
雙翅目昆蟲身上海綿狀的口器，用於吸食液體

四畫

化石 fossil
死去的動物或植物遺骸，經過一段時間後被保存在岩石裏

五畫

平衡棒 haltere
雙翅目昆蟲身上貌似木棒的細小球狀，所在位置是其他昆蟲長出後翅的地方

幼蟲 larva
胡蜂等昆蟲的幼體

生物發光 bioluminescence
動物藉以產生光的化學反應

甲殼動物 crustacean
一種節肢動物，在身體的每個分節上都有一對分成兩部分的腿，還有兩對觸角。龍蝦、螃蟹和蝦都是甲殼類動物

六畫

多足綱動物 myriapod
一種擁有許多條腿的節肢動物，例如馬陸

有毒的 poisonous
指一些動物或植物經接觸或進食後可能會致命

七畫

吻突 proboscis
部分昆蟲擁有的長長的管狀口器，用來吸啜液體

喙部 rostrum
蝽象擁有的幼細、鳥嘴一般的口器，用來吸啜液體

防禦 defence
動物或植物保護自己免受捕食動物或環境傷害的方法

八畫

夜行性 nocturnal
指動物在日間睡覺，晚上活動

昆蟲 insect

昆蟲 insect
一種節肢動物，擁有6條腿和分成3節的身體

昆蟲學家 entomologist
研究蟲蟲的科學家

物種 species
有共同特徵的動物或植物種類，同一物種的生物能夠交配及繁殖後代

花粉 pollen
來自開花植物的粉末，有助傳粉作用

花蜜 nectar
由部分花朵製造的甜味液體

九畫

保護色 camouflage
動物身體外表的顏色和圖案，有助牠與環境融合

前翅 forewing
動物身體上前方的翅膀

毒液 venom
動物或植物透過螫刺或尖牙釋出的有毒物質

若蟲 nymph
某種昆蟲的幼蟲，例如蝗蟲

食腐動物 scavenger
指以其他被捕食者襲擊，或自然因素而死的動物遺骸作為食物的動物

十畫

害蟲 pest
會襲擊或破壞農作物等物件的動物

捕食者 predator
會捕獵其他動物作為食物的生物

這隻螽斯偽裝成一片葉子。

氣候 climate
一個地區在一段長時間裏常見的天氣

胸部 thorax
昆蟲身體中央的分節，位於腹部和頭部之間

十一畫

寄生物 parasite
指生活在其他動物身上，吸食宿主血液維生的動物，過程中會令宿主受害

族羣 colony
一羣居住在一起的昆蟲

殺蟲劑 pesticide
農民用來控制害蟲的化學物質

十二畫

棲息地 habitat
動物或植物在大自然裏的家園

植被 vegetation
在特定棲息地中生長的植物

無脊椎動物 invertebrate
沒有脊骨的動物

蛛形綱動物 arachnid
一種節肢動物，擁有8條腿和分成兩節的身體，例如蜘蛛

十三畫

傳粉作用 pollination
指一棵植物的花粉藉由蜜蜂和蝴蝶等昆蟲傳播到另一棵植物上

節肢動物 arthropod
一種無脊椎動物，擁有強韌的外骨骼、有關節的腿和分成數節的身體

腹部 abdomen
昆蟲身體後方的部分

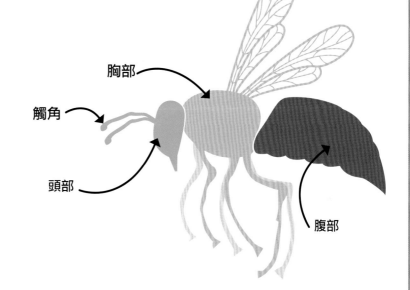

胸部
觸角
頭部
腹部

蛹 chrysalis
一個堅硬的殼，蝴蝶進行變態的過程中會將自己包裹在內

農作物 crop
指種植來作為食物的植物

十四畫

適應 adaptation
動物或植物變得與棲息地更相配的方式

十六畫

鞘翅 elytra
甲蟲堅硬的外側翅膀

十七畫

營養素 nutrient
動物和植物生存所需要的食物種類

環境 environment
動物和植物生長的地方

翼展 wingspan
翅膀兩端之間的長度

十八畫

獵物 prey
被捕獵作食物的昆蟲或其他動物

二十畫

藻類 algae
生活在水中或水源附近的簡單植物。海藻是其中一種藻類

觸角 antenna
成對的感覺器官，位於昆蟲頭部前方位置

二十三畫

變態 metamorphosis
一些動物從幼年期走向成年期中藉以改變自身形態的過程。例如毛蟲變成蝴蝶

索引

鳴謝

出版社感謝以下人員在本書編寫過程中提供協調：感謝 Dan Crisp 和 Bettina Myklebust Stovne提供插圖；感謝 Fiona Macdonald 和 Ala Uddin 提供額外設計；感謝Jayati Sood 搜尋及查證圖片；感謝Caroline Hunt 校對稿件；感謝Hilary Bird編制索引；感謝The Bug Chicks 的 Jessica Honaker 和 Kristie Reddick 於本書第40-41頁的採訪。

出版社感謝以下人員允許在本書中複製其照片：

(Key: a-above; b-below/bottom; c-centre; f-far; l-left; r-right; t-top)

(Key: a-above; b-below/bottom; c-centre; f-far; l-left; r-right; t-top)

1 FLPA: Piotr Naskrecki / Minden Pictures (c). 2 Alamy Stock Photo: blickwinkel / Teigler (br). 3 123RF.com: Nataliia Kravchuk (cr). Alamy Stock Photo: General Stock (crb); Andre Skonieczny (tc). 4-5 Science Photo Library: Walter Myers (ca). 5 Dorling Kindersley: Natural History Museum, London (cb). Dreamstime.com: Paul Fleet (tl); Willyambradberry (tr). 6 Alamy Stock Photo: AlessandraRCstock (br); Amazon-Images (cr). Dorling Kindersley: Thomas Marent (cl). 6-7 Dorling Kindersley: Ed Merritt. 7 Alamy Stock Photo: Nigel Cattlin (ca); Photoshot (cl); Graphic Science (cb). Getty Images: Tim Graham (tl). 8 Dorling Kindersley: Tyler Christensen (clb). 10 Alamy Stock Photo: Mark Moffett / Minden Pictures (bc). 10-11 Alamy Stock Photo: F. Rauschenbach (c). 11 Alamy Stock Photo: Darlyne A. Murawski (br); Scenics & Science (bl). Science Photo Library: John Walsh (cra). 12-13 123RF.com: Subrata Chakraborty / signout (ca). Alamy Stock Photo: Christian Musat (cb). Getty Images: Paul Starosta (b); Claudius Thiriet (t). 15 Alamy Stock Photo: Minden Pictures (ca). Dreamstime.com: Janmiko1 (cl). 16 Alamy Stock Photo: Jack Thomas (cb). Dorling Kindersley: Natural History Museum, London (c); Natural History Museum, London (bc). 17 Alamy Stock Photo: Domiciano Pablo Romero Franco (clb, cr); Adam Gault (crb, cb). Fotolia: photomic (tl). 18 Dorling Kindersley: Thomas Marent (cl). 19 123RF.com: Ian Grainger (cla). iStockphoto.com: surajps (bl). 20 Dorling Kindersley: Gyuri Csoka Cyorgy (cr); Jerry Young (tl); Jerry Young (br). 21 Alamy Stock Photo: Barrett & MacKay (cb); Daniel Borzynski (c). Getty Images: Andia (ca). 22 123RF.com: alekss (bc). 23 Alamy Stock Photo: FLPA (crb). Dreamstime.com: Wollertz (clb). Getty Images: mikroman6 (tr). 24-25 123RF.com: Nawin Nachiangmai (c). 25 Alamy Stock Photo: blickwinkel / Hartl (br); Daniel Borzynski (cb). 26 123RF.com: Zhang YuanGeng (cb). Science Photo Library: Eye Of Science (bc). 27 Alamy Stock Photo: blickwinkel / Sturm (cb); Natural History Museum, London (ca). Dreamstime.com: Herman5551 (bc). 28 Alamy Stock Photo: Brian Bevan (tc); Andre Skonieczny (cra). 28-29 Alamy Stock Photo: General Stock (c). 30 Dorling Kindersley: Thomas Marent (cr); Natural History Museum, London (cb). 31 Alamy

Stock Photo: Andrew Darrington (cl). Dorling Kindersley: Natural History Museum, London (cra); Natural History Museum, London (c); Natural History Museum, London (cb). 32 Alamy Stock Photo: Survivalphotos (c); Thomas Kitchin & Victoria Hurst (cb); Thomas Kitchin & Victoria Hurst (bc). 32-33 Alamy Stock Photo: Thomas Kitchin & Victoria Hurst. 33 Alamy Stock Photo: Survivalphotos (crb). 34 Alamy Stock Photo: Mike Mckavett (cl); Premaphotos (crb). 35 123RF.com: Morley Read (tc). Alamy Stock Photo: Chris Mattison (c). FLPA: Piotr Naskrecki / Minden Pictures (cb). 36 Alamy Stock Photo: Lifes All White (clb); Lars S. Madsen (cb). iStockphoto.com: digitalr (crb). 37 Alamy Stock Photo: David Chapman (cr); Nature Photographers Ltd (tl). iStockphoto.com: digitalr (bl). 38 123RF.com: Nataliia Kravchuk (cl/1st Bug in Below circle, cl/4th bug in Below circle); Sirichai Raksue (clb); Nataliia Kravchuk (cl/2nd bug in Below circle, cl/3rd bug in Below circle). Alamy Stock Photo: Cristina Lichti (cla/Bugs in Above circle). Dreamstime.com: Isselee (fclb). 39 123RF.com: Mariusz Jurgielewicz (crb). 40 courtesy of The Bug Chicks: (tl). 41 courtesy of The Bug Chicks. 42 Getty Images: Antagain (ca). 43 123RF.com: Parinya Binsuk (ca); Damian Sromek (tl); Igor Terekhov (tr). 44 Alamy Stock Photo: blickwinkel / Hecker (cb). 46-47 Alamy Stock Photo: Martin Shields (t). 46 Alamy Stock Photo: Zoonar GmbH (crb); Steven Russell Smith (cb). 47 Getty Images: Moment Open (crb). naturepl.com: Nature Production (clb). 48 Alamy Stock Photo: Wildlife Gmbh (cl). FLPA: G E Hyde (cr). 49 123RF.com: Oleksandr Kostiuchenko (bl). Alamy Stock Photo: Sabena Jane Blackbird (cr). Getty Images: Science Photo Library (tl). 50 Alamy Stock Photo: Phil Degginger (bc). 50-51 Alamy Stock Photo: Floris van Breugel / naturepl.com. 51 Alamy Stock Photo: Kim Taylor (cra). Dreamstime.com: Darius Baužys (ca). Getty Images: Robert F. Sisson (crb). 52 Alamy Stock Photo: Michael & Patricia Fogden / Minden Pictures (cl, clb). Getty Images: Visuals Unlimited, Inc. / Louise Murray (cr). naturepl.com: Nick Upton (cb). 52-53 naturepl.com: Gavin Maxwell (bc). 53 Alamy Stock Photo: Maximilian Weinzierl (c). naturepl.com: David Shale (crb). 54 Dorling Kindersley: RHS Hampton Court Flower Show 2011 (clb). Dreamstime.com: Branex (crb); Natalia Miachikova (cr). 55 Alamy Stock Photo: Horst Klemm (cl); Ton Koene (tc). Dreamstime.com: Gee807 (clb); Sofiaworld (cr). 56 Alamy Stock Photo: Bazzano Photography (cb); Mitsuhiko Imamori / Minden Pictures (cl); blickwinkel / Teigler (clb); blickwinkel (cr); Nick Upton (c). Dorling Kindersley: Claire Cordier (tr); Neil Fletcher (crb).

57 Alamy Stock Photo: Sabena Jane Blackbird (cl); Mark Moffett / Minden Pictures (cra). Getty Images: Graeme Robertson (crb). Science Photo Library: Dr. Harold Rose (cb). 58 Dorling Kindersley: Natural History Museum, London (cra). Dreamstime.com: Aaskolnick (cl). 59 123RF.com: Ameng Wu / amwu (tl); Wanlop Sonngam (c). Dreamstime.com: Meisterphotos (bl). 60 123RF.com: Morley Read (bc). Dreamstime.com: Herman5551 (tl). 29 FLPA: Image Broker (cla) Front Endpapers: Dorling Kindersley: Natural History Museum, London 0bc, Natural History Museum, London 0cb; Back Endpapers: Science Photo Library: Louise Hughes 0ca

Cover images: Front: 123RF.com: Rueangsin Phuthawil cla, Apisit Wilaijit cra, Natural History Museum, London c; FLPA: Piotr Naskrecki / Minden Pictures cb; Front Flap: 123RF.com: Nawin Nachiangmai cl; Alamy Stock Photo: blickwinkel / Sturm cl; Dorling Kindersley: Natural History Museum, London cla; Dreamstime.com: Meisterphotos cr; Back Flap: Alamy Stock Photo: Nature Photographers Ltd br; iStockphoto.com: digitalr cra

All other images © Dorling Kindersley
For further information see: www.dkimages.com

我的發現：

為什麼昆蟲不會生長得更大？

你永遠不會見到像一隻大象一般大的昆蟲！像那般大的昆蟲會被牠外骨骼的重量壓扁。牠也無法呼吸：昆蟲沒有肺部，但身體上有稱為呼吸孔的小孔，這些小孔可會慢慢地從空氣中吸入氧氣。較大的動物需要肺部或鰓來獲取足夠的氧氣維生。

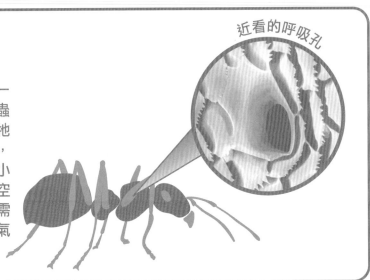

近看的呼吸孔

如何量度昆蟲的大小？

昆蟲的身長是牠的頭部頂端至牠的身體末端之間的距離。觸角、腿和翅膀的長度並不會計算在內。這裏展示的每一隻昆蟲都是那種昆蟲一般能生長至最長的樣子。不過也有例外——人們量度過最長的竹節蟲，便長達56厘米！

螳蛉
1.5厘米

沫蟬
6毫米

蜉蝣
1毫米

蠹魚
1厘米

熊蜂
2厘米

周期蟬
3厘米

馬達加斯加蟑螂
6厘米